CHEMISCHE ELEMENTE

Das Periodensystem

Die fast unendlichen Objekten und Materialien um uns herum sind tatsächlich nur aus einer begrenzten Anzahl von chemischen Elementen. Wir wissen heute , dass 91 existieren natürlich auf der Erde. Sie beginnen mit Wasserstoff, der gebildet wurde , kurz nachdem das Universum entstand . Die anderen 90 wurden entweder durch Kernreaktionen , die sich in den Kern der brennenden Sterne oder von den katastrophalen Explosionen genannte Supernovae , die manchmal entstehen, wenn die Sterne sterben gemacht . Mehrere weitere Elemente künstlich in den Labors hergestellt .

Jedes Element verhält sich anders und hat andere Eigenschaften als alle anderen . Ein System der Organisation von Informationen zu den chemischen Eigenschaften der Elemente und chemische Verbindungen bilden notwendig . Die moderne Periodensystem ist in erster Linie auf die Arbeit der russischen Chemiker Dmitri Mendelejew , deren Tabellen im Jahr 1869 nach ihrem Gewicht mit einer Zeile unterhalb der anderen veröffentlichten platziert die Elemente in den horizontalen Reihen , so dass alle Elemente mit ähnlichen Eigenschaften fiel in vertikalen Säulen basiert . In das 20. Jahrhundert mit Erkenntnisse über die Struktur des Atoms , wurde der richtige Weg, von der Bestellung der Elemente entdeckt , und die vorliegende Periodensystems formuliert wurde .

Atome aus Protonen , Neutronen und Elektronen gemacht sind Grundbestandteile der Elemente. Englisch Physiker Henry Moseley gezeigt, dass , was bestimmt das Verhalten jedes Elements der Ordnungszahl , die Anzahl der Protonen im Kern nicht sein Atomgewicht , das ein Maß für die Gesamtzahl der Protonen und Neutronen im Kern ist . Der richtige Weg des Ordnens der Elemente im Periodensystem war deshalb nach ihrer Ordnungszahl . Obwohl die Atome eines Elements die gleiche Anzahl von Protonen sie unterschiedliche Anzahl von Neutronen. Diese heißen Isotope und ihre Existenz erklärt, warum das Atomgewicht ein unzuverlässiger Indikator der Position eines Elements im Periodensystem .

Die Elemente werden in der Reihenfolge ihrer Ordnungszahlen in Zeilen genannt Perioden angeordnet. Von links nach rechts über einen Zeitraum , ein Übergang von Elementen, zu denen Metalle , die Nichtmetalle sind . Die vertikalen Spalten des Periodensystems sind Gruppen bezeichnet. Alle Elemente innerhalb einer Gruppe haben ähnliche chemische Eigenschaften und werden manchmal als Familien - Elemente bezeichnet .

WARUM Elementen innerhalb einer Gruppe haben ähnliche chemische VERHALTEN

Die Ordnungszahl bestimmt, wie viele negativ geladene Elektronen in den Atomen eines bestimmten Elementes enthalten ist, und es ist die Struktur der Elektronen um den Kern, wie die Elemente miteinander reagieren zu bestimmen. Diese Verteilung der

Elektronen in dem Valenzband bzw. äußeren Schale des Atoms zu anderen Atomen ausgesetzt, wenn sie reagieren. Elemente, deren Valenzschalen sind komplett voll sind äußerst stabil und scheinen mit fast nichts anderes zu reagieren. Jene mit unvollständigen Schalen dazu neigen, mit anderen Atomen in einer Weise, die diese Schalen füllen reagieren. Atome mit ähnlichen Valenz- Konfiguration haben ähnliche chemische Eigenschaften. Elemente der gleichen Gruppe des Periodensystems weisen die gleiche Anzahl von Valenzelektronen.

Das Periodensystem ist dann eine Karte von der Art der Elektronen ordnen sich in den Atomen eines bestimmten Elements. Die Fähigkeit, das chemische Verhalten eines Elements auf der Grundlage der Zeilen-und Spaltenvorhersagen, in dem festgestellt wird, macht das Periodensystem ein unschätzbares Nachschlagewerk für den Praktiker der Wissenschaft.

WASSERSTOFF
Ordnungszahl: 1
Chemisches Symbol : H
Gruppen: 1A

Wasserstoff besteht aus nichts weiter als einem einzigen Proton, das als Kern dient, von einem einzigen Elektron umkreist. Seine Einfachheit hilft zu erklären, warum es ist bei weitem das häufigste Element, aus denen sich 93% aller Atome im Universum. Wasserstoff ist ein Gas, das keinen Geruch oder Geschmack hat, ist völlig farblos und extrem flammable.The Verbindung von Wasserstoff mit Sauerstoff produziert seine häufigste Verbindung water.Hydrogen wird auch in organischen Verbindungen enthalten sind, in lebenden Organismen, die in Parfüms biologischen Verbindungen, Farbstoffe, Pestizide, DNA und Proteine ! Die Liste geht weiter und weiter!

HELIUM
Ordnungszahl: 2
Chemisches Symbol : Er
Gruppe VIII A- Die Edelgase

Wie alle Edelgase Helium ist farblos und odourless.Together Wasserstoff und Helium bilden eine erstaunliche 99,9% der Elemente im Universum. Sein Name kommt aus dem griechischen " helios ", die die "Sonne" bedeutet. Helium von der Sonne durch die Fusion von Wasserstoff hergestellt. Diese Reaktion liefert die Energie, die die Sonne strahlt in den Weltraum. Helium hat eine geringe Dichte und ist daher sinnvoll, in Luftschiffen und Luftballons für seinen Auftrieb in air.Astrnomers nutzen die extrem kalten Flüssigkeit aus Helium, um thermische "Lärm" macht es einfacher und zuverlässiger, um Daten von entfernten Galaxien erhalten zu entfernen.

LITHIUM
Ordnungszahl: 3

Chemisches Symbol : Li
Gruppe IA - Alkalimetalle

Das Metall Lithium ist sehr reaktiv und kombiniert mit Aluminium zu geringe Dichte, strukturell starke Legierung Flugzeuge und Raumschiffe verwendet zu bilden. Es wird auch als ein positiver Anschluss oder Anode in kleinen Batterien in Kameras , Herzschrittmacher und Taschenrechnern verwendet . Lithium -Hydroxid ist eine sehr effiziente Luftreiniger. Es absorbiert CO_2 aus der Luft zu Lithiumcarbonat bilden. Lithium hat die höchste Wärmekapazität von jedem Element . Diese Eigenschaft macht es ideal Wärmeübertragungsmaterial und es wird in der experimentellen Kernreaktoren verwendet, um die durch die Spaltungen von Uran entstehende Wärme zu absorbieren. In der Medizin Lithiumcarbonat und Lithium- Citrat als sehr effektiv Stimmung Stabilisatoren in manisch-depressive Erkrankung bekannt.

BERYLLIUM
Ordnungszahl: 4
Chemisches Symbol : Be
Gruppe IIA - Erdalkalimetalle

In seiner reinen Form ist Beryllium ein Licht , ziemlich hart, grau-weiße Metall. Wie alle Metalle, die die Erdalkali -Gruppe machen, ist es viel zu chemisch reaktiv im freien Zustand gefunden werden. Einlagen des Minerals Beryllium über Brasilien , Argentinien und den USA verteilt. Kristalle von Beryllium sind für ihre exquisite Erscheinungsbild bekannt. Sowohl Smaragd und Aquamarin sind natürlich vorkommende Edel Formen dieses Minerals. Beryllium spielte eine Schlüsselrolle bei der Entdeckung des Neutrons im Jahr 1932 und bleibt sinnvoll in Forschungen über die Atomkerne .

BOR
Ordnungszahl: 5
Chemisches Symbol : B
Gruppe III A

Bor ist eine harte, spröde, nichtmetallische Element . Es wird normalerweise mit Sauerstoff, Wasser und Natrium in einer Verbindung namens Borax , die als Reinigungsmittel und Wasserenthärter verwendet wird, gebunden. Wenn Wasser aufgeweicht wird, werden die Magnesium-und Calcium mit relativ harmlos Natrium und Kalium ersetzt. Ein weiterer Bor-Verbindung ist Borsäure aced industriell verwendet werden, um Pyrex , eine spezielle hitzebeständiges Glas in Küche zu machen. Bor " Stangen " sind bei der Nutzung von Kernreaktoren entscheidend. Sie können in einem Reaktor abgesenkt werden, um Neutronen somit Steuern der Leistung , die von dem Reaktor erzeugt absorbieren.

CARBON

Ordnungszahl: 6
Chemisches Symbol : C
Gruppe IV A

Kohlenstoff stellt nur 0,09% der Erdkruste Masse , aber es das Element wichtigste für das Leben auf unserem Planeten ist . Kohlenstoff verdankt seine zentrale Lage in der organischen Welt die Fähigkeit der Atome , mit anderen Kohlenstoffatomen verbinden zu langen Ketten , die entweder gerade oder verzweigt sind, zu bilden. Eine solche langkettigen Molekül in der DNA in das Erbgut aller Lebewesen gefunden. Elemente können in mehreren natürlichen Formen genannt Allotropen existieren. Kohlenstoff wird in den allotropen Formen von Graphit , Kohle und spektakulärsten Diamanten gefunden.

STICKSTOFF
Ordnungszahl: 7
Chemisches Symbol: N
Gruppe V A

Stickstoff fehlt Sinn Stimulation Eigentum und wir sind ständig die Atmung in großen Mengen als wir einatmen, Luft. Es dominiert die Gase in der Atmosphäre der Erde , aus denen einige 78 Vol.%. Stickstoff bildet Hunderttausenden von Verbindungen, die von entscheidender Bedeutung für Landwirtschaft und Industrie der wichtigste davon ist Ammoniak. In seiner gasförmigen Form ist Stickstoff häufig in Situationen, in denen es wichtig ist, andere, reaktive atmosphärische Gase fernzuhalten verwendet . Um beispielsweise die Oxidation von Wein zu verhindern , Weinflaschen werden häufig mit Stickstoff gefüllt , nachdem der Korken entfernt .

OXYGEN
Ordnungszahl: 8
Chemisches Symbol: O
Gruppe VI A

Sauerstoff in der Atmosphäre vorhanden ist in Wasser und in der Erdkruste in einer enormen Vielfalt von Gesteinen und Mineralien . Es ist wichtig für das Leben und ein Teil von jedem biologischen Molekül in unserem Körper. Obwohl viele natürliche Prozesse verbrauchen Sauerstoff, es wird ständig durch Photosynthese in Pflanzen somit ständig verbraucht und produziert ständig aufgefüllt. Der englische Chemiker Joseph Priestley wird mit der Entdeckung des Sauerstoffs gutgeschrieben . Er erhitzte ein Oxid von Quecksilber und stellte fest, dass die Gas es verströmte verursacht die Kerze , mit einem bemerkenswert brillante Flamme brennen. Das Gas war Sauerstoff !

FLUORINE
Ordnungszahl: 9
Chemisches Symbol: F

Gruppe VII A- Die Halogene
Fluor ist das kleinste , leichteste und reaktiven Halogen . Alle Atome in dieser Gruppe leicht mit Metallen verbinden , um Salze zu bilden. In vielen Teilen der Welt Natriumfluorid für die öffentliche Wasserversorgung aufgenommen. Die Forschung hat gezeigt , daß kleine Mengen von Fluor kann die Entwicklung von Hohlräumen in den Zähnen zu verzögern. In Gegenwart von Wasserstoff, Fluor verbrennt explosionsartig Herstellung von Fluorwasserstoffbildet in Wasser Fluorwasserstoffsäure gelöst. Es ist extrem gefährlich. Aber es verwendet wird, um Glas zu lösen, und wird verwendet, um Design auf Glasgegenständen zu ätzen.

NEON
Ordnungszahl: 10
Chemisches Symbol: Ne
Gruppe VIII A- Die Edelgase

Neon wie alle einatomigen Edelgasen ist . Die bekannten Leuchtreklame in Schaufenster und Fenster enthalten Restaurant Neon-Gas , das , wenn es durch eine elektrische Entladung erregt glüht. Wenn dies geschieht, Neon- Atome in der Gas abgeben Strahlung in Form von orange-rotes Licht . Verschiedene Gase verwendet werden, um Zeichen verschiedener colurs erzeugen . Jedes Gas , wenn sie gereizt strahlt seine eigene charakteristische Farbe. Handels Neon wird in Luft - Verflüssigungsanlagen produziert. Da neon hat einen Siedepunkt von -229 Grad Celsius , als Rückstand bleibt nach dem volatiler Stickstoff und Sauerstoff haben abgekocht !

SODIUM
Ordnungszahl: 11
Chemisches Symbol: Na
Gruppe IA - Alkalimetalle

Natrium ist ein sehr reaktives helles silbriges Metall leicht genug, um auf dem Wasser und weich genug, um mit dem Messer geschnitten werden schweben. Es ist ein Teil von vielen wichtigen Verbindungen , die gefunden werden überall in der Masse verteilt. Natriumchlorid , die chemische Bezeichnung für Kochsalz in großen Mengen aus natürlichen Salzvorkommen abgebaut. Natriumbicarbonat gemeinhin bekannt als Backpulver verwendet wird, um Backwaren steigen , wenn sie erhitzt oder Gebäck Teig beim Backen zu machen. Es wird auch verwendet , um übermäßige Magensäure neutralisieren und als Agent in Feuerlöschern .

MAGNESIUM
Ordnungszahl : 12
Chemisches Symbol: Mg
Gruppe II A- Erdalkalimetalle

Magnesium ist in so großen Mengen im Meerwasser , die die Weltmeere enthalten eine fast unbegrenzte Versorgung des gelösten Materials vorhanden . Sein großer Vorteil ist, dass es sehr leicht ist , das macht es auch ideal zur Herstellung von Automobil-und Flugzeugteile, Elektrowerkzeuge, Rasenmäher Gehäuse und Rennräder . Magnesium ist auch wichtig für die richtige Ernährung beim Menschen , da ist es wichtig für die Funktion verschiedener Enzyme . Es spielt auch eine entscheidende Rolle in der Make-up der grün in allen grünen Pflanzenzellen vorhanden Chlorophylle .

ALUMINIUM
Ordnungszahl: 13
Chemisches Symbol: Al
Gruppe III A

In der Regel in der Natur kombiniert mit Sauerstoff gefunden wird, ist Aluminium das häufigste Metall in der Erdkruste . Es ist leicht und guter elektrischer Leiter , zwei Eigenschaften, die es zu einer idealen Zutat für eine breite Palette von Produkten zu machen. Es ist eine ausgezeichnete Reflektor von Strahlung und ist für verschiedene Arten von Antennen -, Wärme- Reflektoren und Solarspiegel verwendet . Über diese anderen Eigenschaften ist Aluminium ziemlich reaktiv. Es bildet eine Oxidschicht, die es verhindert, dass von der weiteren Reaktionen mit der Umgebung , so dass es in der Regel als korrosionsbeständig. Aluminium ist auch nicht giftig, geruchlos und geschmacklos.

SILICON
Ordnungszahl: 14
Chemisches Symbol : Si
Gruppe IV A

Verbindungen von Silizium chemisch an Sauerstoff gebunden machen den größten Teil der Erde, Sand, Stein und Boden. Heute Silizium bildet die Grundlage der Mikroelektronik-Industrie . Die Verwendung von Silizium -Chips in Leiterplatten hat es möglich gemacht, das Schrumpfen Raum bemessen Computern in diejenigen, die auf dem Schoß ruhen. Die wichtigste Siliciumverbindung Siliciumdioxid ist , das in zwei Formen - Quarz und Feuerstein besteht. Kleine Edelsteine und Halbedelsteine sind Kristalle von Quarz mit farbigen Verunreinigungen. Kieselsäure wird bei der Herstellung von Glas verwendet wird. Keramik und Silikone sind weitere wichtige Verbindungsklassen auf Siliziumbasis.

PHOSPHORUS
Ordnungszahl: 15
Chemisches Symbol: P
Gruppe VA

Phosphor wurde von Arzt Hennig Brand im Jahre 1669 entdeckt. Er destilliert, der Rückstand aus Urin eingekocht und etwas, das in der Dunkelheit leuchtete und ging in Flammen in warme Luft erhalten . Phosphor und Lichtemission noch immer in der Erscheinung als Phosphoreszenz verbunden . Zinksulfid ist das phosphoreszierende Material abgibt, dass Flimmern von Licht , wenn sie von sich schnell bewegenden Elektronen getroffen . Diese Wirkung auf die Beschichtung von Fernsehröhre erzeugt das TV-Bild . Fast alle Phosphor kommerziell verwendet wird, ist Phosphorsäure zu machen. Seine hauptsächliche Verwendung in der Herstellung von Düngemittel - Boden ohne Phosphor ist unfruchtbar. Häufig in zwei Formen , dh rot und gelb gefunden , der ehemalige wird verwendet, um Zündhölzer zu machen.

SULPHUR
Ordnungszahl: 16
Chemisches Symbol: S
Gruppe VI A

Schwefel ist ein nicht- reaktives Metall in der Natur sowohl in seiner freien elementaren Zustand und in Form von weit verteilten Erze und Mineralien vor . Einige der häufigsten Mineralien von Sulphur sind Gips dh Calciumsulfat und Pyrit oft als die " Katzengold " bekannt. Zusätzlich zu ihrer Bedeutung bei der Herstellung von Kunstdünger, die Konservierung von Lebensmitteln , Bleichen von Textilien und Reinigung von Metallen , Schwefel- Verbindungen haben hunderte von anderen Anwendungen bei der Rückgewinnung von Metallen aus Erzen, Herstellung von Gummi- , Reinigungsmittel, Farben und Farbstoffe und synthetische Fasern. Tatsächlich Ebene einer Nation der industriellen Entwicklung wird durch das Pro- Kopf-Verbrauch von Schwefel bestimmt.

CHLOR
Ordnungszahl: 17
Chemisches Symbol: Cl
Gruppe VII A- Die Halogene

Chlor ist ein giftiges gelblich-grüne zweiatomigen Gas. Einatmen sogar eine kleine Menge kann zu schweren Lungenschäden verursachen. Die Toxizität von Chlor macht es eine ausgezeichnete Desinfektionsmittel für Schwimmbäder und Wasserversorgung. Eine wichtige Verbindung von Chlor Chlorwasserstoff, ein Gas, das sich in Wasser löst , um Salzsäure zu produzieren . Salzsäure im Magensaft des Magens , wo es benötigt wird , um Protein zu aktivieren Enzyme vorhanden . Große Mengen an Chlor wurden zur Insektiziden . Viele wurden erst kürzlich verboten , da sie als Umweltschadstoffeangesehen .

ARGON
Ordnungszahl: 18

Chemisches Symbol: Ar
Gruppe VIII A- Die Edelgase

Im Jahre 1894 wurde die erste Argon Edelgas , entdeckt zu werden . Seine kommerzielle Anwendungen nutzen seine mangelnde Reaktivität. Argon ist das Zerfallsprodukt von einem wichtigen Radioisotop ONS Gesteinsproben verwendet wird, ist Kalium - 40. Die Technik namens Kalium-Argon- Datierung. Kalium hat eine ungewöhnlich lange Halbwertszeit von 1,25 Mrd. Jahren und wird in vielen Gesteinen vor. Wenn Kalium- 40 zerfällt , selbst verwandelt es in Argon. Folglich kann man das Alter von einem Felsen durch Bestimmung, wie viel Argon vorhanden ist, zu bestimmen. Die ältesten Gesteine auf der Erde haben mit dieser Methode 3,8 Milliarden Jahre alt bestimmt worden.

KALIUM
Ordnungszahl: 19
Chemisches Symbol : K
Gruppe IA der Alkalimetalle

Kalium ist daher extrem reaktiv ist nie im freien Zustand in der Natur gefunden . Es ist in Meerwasser gefunden werden, obwohl in geringeren Mengen als Natrium-, seiner chemischen Äquivalent. Kalium ist wichtig für das Pflanzenwachstum so viel Kalium in gelöster Mineralien von Pflanzen vor Erreichen der Meer. Eine natürlich vorkommende Isotop Kalium - potssium 40.Human Körper enthält 140 Gramm Kalium. Da die Fülle von Kalium -40 ist 0,012 Prozent , sind wir alle teilweise aus diesem Isotop reaktiven gemacht . Es ist ein wichtiger Beitrag zu unserer Lebenszeit Dosis der Strahlung

CALCIUM
Ordnungszahl: 20
Chemisches Symbol : Ca
Gruppe-II- A- Erdalkalimetalle

Calcium ist ein wichtiger Inhaltsstoff für eine Vielzahl von lebenden Organismen . Menschliche Zähne und Knochen enthalten Kalzium und Meeres Organe bauen ihre Schalen aus Kalziumkarbonat . Kalk, eine Verbindung von Calcium ist ein wichtiges Industriechemikalie . Eine seiner frühen Anwendungen war in der Theaterbeleuchtung . Wenn Kalk auf eine hohe Temperatur erwärmt wird, gibt sie eine intensive blau- weißes Licht. Es wurde im frühen 19. Jahrhundert verwendet, um Akteure , die zu dem Satz beleuchten ' in Szene. " Wahrscheinlich die wichtigste moderne Verwendung von Kalk ist in der Herstellung von Eisen aus seinen Erzen .

SCANDIUM
Ordnungszahl: 21
Chemisches Symbol : Sc

Gruppe III B First Row Übergangselement

Scandium leitet die erste Reihe der Übergangselemente. Alle sind ziemlich reaktionsunfähig Metalle und viele sind extrem gefährlich . Scandium ist ein sehr leichtes Metall und hat einen ziemlich hohen Schmelzpunkt und zeigt eine gute Korrosionsbeständigkeit. Diese Eigenschaften haben sie von großem Interesse für die Luftfahrtindustrie für den Bau eines Flugzeugs gemacht . Scandium bildet paar nützliche Verbindungen . Das Metall selbst hat einige Verwendung in elektronischen Geräten wie Hochleistungslampen, die Licht mit einer Farb Wert nahe dem des natürlichen Sonnenlichts erzeugen gefunden. Lampen dieser Art werden oft verwendet, um Fußballstadien zu beleuchten.

TITANIUM
Ordnungszahl: 22
Chemisches Symbol: Ti
Gruppe IV B First Row Übergangselement

Titanium in reinem Zustand ist ein Metall, das leicht zu verarbeiten und sehr dehnbar oder in der Lage ist zu Draht gezogen ist . Trotz seines geringen Gewichts ist er ungewöhnlich stark und praktisch immun gegen übliche Arten von Metallermüdung . Es hat auch eine außergewöhnliche Korrosionsbeständigkeit , so dass es jede Eigenschaft benötigt, um es zu einem idealen Material für Strahltriebwerke und Raketen zu machen hat . Die wichtigste Verbindung Titandioxid ist ein Stoff mit starker strahlend weiße Farbe, die als ein Pigment für Farben , Papier und Kunststoff verwendet wird.

VANADIUM
Ordnungszahl: 23
Chemisches Symbol: V
Gruppe VB First Row Übergangselement

Vanadium ist ein hell glänzendes Metall , die ziemlich weich und extrem korrosionsbeständig ist . Ein mexikanischer Professor für Mineralogie nämlich Andres Manuel del Rio entdeckt Vanadium im Jahre 1801 . Es wurde später nach dem skandinavischen Göttin Vanadis wegen seiner vielen schön gefärbte Verbindungen benannt. Etwa 80 % der in den USA hergestellten Vanadium geht in die Herstellung von Stahl .

CHROM
Atonische Nummer: 24
Chemisches Symbol : Cr
Gruppe VI B First Row Übergangselement

Chrom wurde von dem griechischen Wort " Chroma " bedeutet Farbe benannt . Die schöne Farbe vieler Edelsteine - Rot der Rubine, dem charakteristischen Grün der Smaragde - wird auf das Vorhandensein von Spuren von Chrom durch . Das Metall wird in der Regel aus Chromit, einem Oxid von Chrom , die die wichtigste Erz extrahiert. Wenn es Luft ausgesetzt wird, bildet eine unsichtbare Chrom -Oxid , dass es äußerst korrosionsbeständig und sehr nützlich sowohl als dekorative und schützende Beschichtung auf anderen Metallen, wie Messing, Bronze und Stahl ist . Chrom ist auch zur rostfreiem Stahl.

MANGANESE
Ordnungszahl: 25
Chemisches Symbol : Mn
Gruppe VII B First Row Übergangselement

Mangan ist ein grau-weißes Fest Metall , das aussieht und hat viele ähnliche Eigenschaften wie Eisen. Hinzufügen von Mangan zu Stahl macht, ist außergewöhnlich hart und resistent gegen Schock. Solche Stahl ist ideal für den Einsatz in Gewehrläufe , Banktresore , Eisenbahnschienen und Erdbewegungsmaschinen . Mangan erhöht auch die Härte, Festigkeit und Korrosionsbeständigkeit von Legierungen aus Aluminium und Magnesium. Die Verbindung Kaliumpermanganat hat einen violetten Farbe , die manchmal in Antikglas zu sehen ist. Obwohl Glas Hersteller verwenden Mangan nicht mehr , wird seine Fähigkeit, Objekte Farbe verwendet werden, um Keramik und Töpferei erhellen.

IRON
Ordnungszahl: 26
Chemisches Symbol: Fe
Gruppe VIII B First Row Übergangselement

Eisen ist wahrscheinlich die häufigste Metall in der menschlichen Gesellschaft. Ob wir mit einem Schraubendreher oder ein Auto oder mit dem Zug fahren , ist die Bedeutung und den Nutzen von Eisen als Strukturmaterial selbstverständlich. Das Innere der Erde als Kern bekannt ist, aus geschmolzenem Eisen. Die Fähigkeit, die Metall verfeinern diente als wichtiger Meilenstein in der menschlichen Entwicklung , wie der Eisenzeit (1000 v. Chr.) bekannt. Seine Entdeckung führte zu Werkzeugen und Waffen, die härter und haltbarer als die der Bronzezeit waren . Heute sind mehr als 90% aller Metalle veredelt ist Eisen.

COBALT
Ordnungszahl: 27
Chemisches Symbol: Co
Gruppe VIII B First Row Übergangselement

Ein Haupt Erz von Kobalt Kobaltit . Das reine Metall wird durch Rösten dieses Erz gewonnen . Der Name kommt von der Cobalt- Deutsch ' Kobold ' , die zu einem bösen Geist bezieht . Bergleute oft gesagt, dass Unfälle in der Seele auftritt wurden von ' Kobold ' verursacht . Kobalt zu Stahl hinzugefügt, um die Korrosionsbeständigkeit zu verbessern. Bei Kobalt ist gemischt mit Wolfram und Kupfer bildet sie Stellite , ein Metall, das seine Härte bei hohen Temperaturen und ist ideal für High-Speed- Bohrer und Schneidinstrumente hält . Wie Eisen Kobalt leicht magnetisiert. Die starke magnetische Substanz als Alnico bekannt ist eine Legierung aus Kobalt, Aluminium und Nickel.

NICKEL
Ordnungszahl: 28
Chemisches Symbol : Ni
Gruppe VIII B First Row Übergangselement

Nickel wird häufig mit anderen Metallen , wie Eisen -und Stahllegierungenzugegeben, um resistent gegen Oxidation zu bilden. Nichrome das Metall verwendet, um die Heizelemente in Toaster und Elektroherde zu machen ist eine Legierung aus Chrom und Nickel. Der hohe elektrische Widerstand des Nickel-Chrom kombiniert mit seiner hohen Schmelzpunkt, ist es eine sehr effiziente Material Strom in Wärme umzuwandeln . Eine wichtige Verwendung von Metall in Nickel-Cadmium- Batterien. Dieser Akku ist wiederaufladbar , die es besonders nützlich, in Taschenrechnern , Computern und schnurlose Elektrorasierern macht .

KUPFER
Ordnungszahl: 29
Chemisches Symbol : Cu
Gruppe IB First Row Übergangselement

Ein vertrauter Umgang mit Wasser in den Rohrleitungen , die das Wasser in die Küche zu tragen. Da Kupfer ist einer der besten Dirigenten von Strom, sind Kupferdrähte häufig verwendet, um elektrische Energie aus Kraftwerken , um Häuser , Büros, Fabriken und anderen Gebäuden und aus der Steckdose , um elektrische Geräte zu übertragen. Kupfer wurde einst Tasten für Uniformjacken für Polizisten daher der umgangssprachliche " Kupfer " bei der Polizei zu machen. Messing, eine Legierung aus Kupfer und Zink hat eine Vielzahl von Anwendungen von der Hardware zur Zink.

ZINK
Ordnungszahl: 30
Chemisches Symbol: Zn
Gruppe I B First Row Übergangselement

In reinem Zustand ist Zink ein hartes, sprödes , silberfarbenen Metall. Es ist relativ korrosionsbeständig und eine harte Oxidschicht , die es von der weiteren Reaktion mit der Luft verhindert bildet schnell . In dem Prozess aufgerufen Galvanisierung, wird eine Schicht aus Zink über Stahl beschichtet, um Korrosion zu verhindern. Das Metall hat viele andere Änwendungen. Einer der wichtigsten ist in der gemeinsamen Trockenbatterie . Seit 1981 hat sich Zink als Hauptmetall in der US-Cent angeboten. Zink ist auch mit Kupfer Messing kombiniert, um zu bilden.

GALLIUM
Ordnungszahl: 31
Chemisches Symbol: Ga
Gruppe III A Post Gangsmetall

Gallium ist ein sehr weiches Metall mit einem sehr niedrigen Schmelzpunkt und einem extrem hohen Siedepunkt von 2403 Grad Celsius . Der Bereich der Temperaturen, bei denen flüssiges Gallium ist die größte von irgendeinem bekannten Metall. Dies macht es sinnvoll, für besondere hohe Thermometer . Bis vor kurzem einige praktische Anwendungen von Gallium bekannt waren. Dies änderte sich mit der Entdeckung , daß Galliumarsenid kann als Laserdiode funktionieren und wandeln den Strom direkt in die Laserlicht. Leuchtdioden sind in einer Vielzahl von Uhren und Autodisc -Player verwendet wird.

GERMANIUM
Ordnungszahl: 32
Chemisches Symbol : Ge
Gruppe IV A Metalloide

Germanium ist eine relativ seltene dunkelgrau festes Element . Es wird nie in reiner Form in der Natur gefunden , sondern in Verbindung mit Sauerstoff. Germanium ist ein Halbleiter bezeichnet. Die Zugabe von kleinen Menge von Verunreinigungen erhöht seine Kapazität , Strom zu leiten . " Dotierten " Germanium wird verwendet, um die Transistoren , die im Herzen der Festkörper- Elektronik-Industrie sind zu machen. Dotieren mit Zehntausenden von Transistoren können nun auf einem kleinen Chip, der Germanium in Effekt wird ein kleiner Computer gebildet werden. Solche Materialien sind in der Elektronik Miniaturisierung möglich die Revolution gemacht .

ARSENIC
Ordnungszahl: 33
Chemisches Symbol: Als
Gruppe VA Metalloide

Arsen ist ein spröden kristallinen bei Raumtemperatur fest . In Form von Arsentrioxyd es ist eine bekannte Gift. Es wird als Unkrautvernichtungsmittel und Insektizide eingesetzt. Arsen als Gift hat die Phantasie vieler Krimiautor gefangen genommen. Vor der jüngsten Fortschritte in der forensischen Techniken , war es unmöglich, in den Körper des Opfers zu erkennen. Obwohl ein Gift, wurden Arsenverbindungen für medizinische Zwecke verwendet worden als gut, die bekannteste ist '606 ' von Paul Ehrlich als Heilmittel gegen Syphilis entwickelt.

SELENIUM
Ordnungszahl: 34
Chemisches Symbol: Se
Gruppe VI A Metalloide

Selen Lager Mineralien sind zu knapp, um profitabel abgebaut werden. Da das Halbmetall wird in der Gesellschaft von Kupfer und Schwefel gefunden wird, wird fast alle Selen als bye- Produkt der Kupferraffination und die Herstellung von Schwefelsäure gewonnen. Selen kommt in zwei Formen - rot und grau. Graues Selen ist ein Foto was bedeutet , dass zwar ein schlechter elektrischer Leiter gewöhnlich, und es wird ausgezeichneter Leiter in Gegenwart von Licht . Dies macht Selen wertvoll wie ein Lichtsensor in der Robotik und Belichtungsmesser .

BROMINE
Ordnungszahl: 35
Chemisches Symbol: Br
Gruppe VII A Die Halogene

Brom ist eine rötliche Flüssigkeit mit einem beißenden Geruch . Sein Name ist von den griechischen bromos Gestank bedeutet , abgeleitet . Brom kann in Meerwasser, unterirdischen Salzbergwerkenund tiefen Solequellen gefunden werden. Eine wichtige Verwendung von Brom ist bei der Herstellung eines Benzinzusatz genannt Ethylendibromid . Diese Verbindung entfernt die Bleizusätze nach der Verbrennung von Benzin Verhinderung der Bildung von Ablagerungen führen . Brom ist sehr giftig und verbrennt die Haut. Außerdem seine schädlichen Dämpfen kann Nase und Hals führen.

KRYPTON
Ordnungszahl: 36
Chemisches Symbol: Kr
Gruppe VIII A Die Edelgase

Im Jahr 1933 Linus Pauling stellte die Idee, dass die Edelgase waren chemisch inert. Die Existenz der Verbindung er voraussagte, von Krypton und Fluor wurde 1966 bestätigt. Krypton ist ein geruchloses , geschmackloses , farblose Gas völlig harmlos . Sein Hauptgebrauch ist in " Neon " Lichter, die ein Teil der modernen Landschaft sind . Wenn in einem Glasrohr verschlossen und auf elektrischen Entladung ausgesetzt ist , produziert Krypton eine hellviolette Farbe für die Flughafen- Landebahn und

Anflugbefeuerung eingesetzt. Krypton wird auch verwendet, gemischt mit Xenon in hoher Intensität und kurzer Belichtungsfotoblitzlampenoder Blitzleuchten .

RUBIDIUM
Ordnungszahl: 37
Chemisches Symbol: Rb
Gruppe IA der Alkalimetalle

Rubidium ist ein silbrig , sehr weich sehr reaktives Metall , das spontan verbrennt an der Luft . Es reagiert auch heftig mit Wasser geben sich große Mengen an Wasserstoff , die sofort in Flammen , weil der durch die Reaktion erzeugte Wärme. Rubidium ist viel zu reaktiv, um als reines Metall in der Natur und nur wenige Rubidium Lager Mineralien bekannt sind, existieren. Rubidium keinen Marktwert hat . Das Metall wurde 1861 von deutschen Chemiker Robert Bunsen und Gustav Kirchhoff entdeckt. Sie identifizierten sie von Spektrallinien als Verunreinigung unter vielen Alkalimetalle sie untersuchen .

STRONTIUM
Ordnungszahl: 38
Chemisches Symbol: Sr
Gruppe IIA der Erdalkalimetalle

Strontium hat wenig kommerziellen Verwendung und seine Verbindungen haben nur begrenzte Anwendung in der Industrie gefunden. Da Strontium- Salze wie Strontiumkarbonat emittieren eine charakteristische rote Farbe, wenn sie brennen , sie in Autobahn Warnung Fackeln und Feuerwerk in verwendet werden. Eines der Isotope von Strontium, Sr-90 ist ein radioaktives Nebenprodukt der Kernexplosionen und kann große Bereiche der Umwelt durch radioaktiven Niederschlag aus der Atmosphäre verunreinigen. Da Strontium- 90 entsteht immer, wenn Uranspaltungunterliegt , müssen die Betreiber von Kernreaktoren ständig auf der Hut sein, um seinen unbeabsichtigten Freisetzung in die Umwelt zu verhindern.

YTTRIUM
Ordnungszahl: 39
Chemisches Symbol: Y
Gruppe III B Übergangselement

Yttrium wird in kleinen Mengen in der Erdkruste gefunden, aber die Steine vom Mond zurückgebracht hatte eine unerwartet hohe Yttriumgehalt . Wenn ihre Temperatur nur wenige Grad über dem absoluten Nullpunkt gesenkt , die fast alle Metalle zeigen keinen elektrischen Widerstand auch immer. Extrem niedrige Temperaturen sind jedoch unpraktisch. 1987 kündigte Wissenschaftler die Entdeckung einer Verbindung aus Yttrium, Barium und Kupfer- Oxid, das bei 93 Grad Kelvin supra wurde . Andere

Mischungen von diesem Element werden untersucht und es ist optimistisch, dass eine von ihnen machen würde , um eine praktische Hochtemperatur-Supraleiter sein .

ZIRCONIUM
Ordnungszahl: 40
Chemisches Symbol: Zr
Gruppe IV B Übergangselement

Zirkonium ist ein starkes , robustes Metall . Seine Fähigkeit, hohe Temperaturen ist es eine ideale Zutat für hitzebeständige Materialien in der Raumfahrzeuge. Die bekannteste Verbindung von Zirkon ist das Metall Zirkon. Es ist seit der Antike bekannt war und selbst in der Bibel bezeichnet. Gefunden in einer Vielzahl von Farben, wenn der Kristall geschnitten und poliert wird als Halbedelsteinangesehen . Zirkon hat einen extrem hohen Brechungsindex. Daher haben seine farblose Kristalle eine ungewöhnliche Brillanz und werden manchmal als Ersatz für Diamanten verwendet .

NIOBIUM
Ordnungszahl: 41
Chemisches Symbol: Nb
Gruppe VB Übergangselement

Das Metall Niob ist in der Geschichte der Hochtemperatur -Supraleitung wichtig. Eine Legierung aus Niob und Germanium hat die Fähigkeit, große Ströme , die den Aufbau eines supraleitenden Magneten für solche Instrumente , wie kernmagnetische stand Tomographen in der diagnostischen Medizin. Niob Stahl für Spezialzwecke aufgenommen. Bei hohen Temperaturen werden die Grenzen zwischen den kleinen Körner , aus denen Edelstahl schwächen und korrodieren leichter als der Rest des Stahls. Die Zugabe von Niob verhindert dies so Stahl zu viel höheren Temperaturen unter extremen Belastungen standhalten.

MOLYBDENUM
Ordnungszahl: 42
Chemisches Symbol: Mb
Gruppe VI B Übergangselement

Molybdän ist ein Fest silbriges Metall . Ziemlich große Vorkommen von Molybdänit werden in Colorado, USA gefunden . Stahl Molybdän ist für Flugzeug-und Automotorteilengeeignet. Es ist in der Lage, Temperatur und Druck ändert sich ständig , die sich in einem Motor zu widerstehen. Aus dem gleichen Grund ist es bei der Herstellung von Gewehren und Kanonen verwendet wird. Einer der radioaktiven Isotope , Molybdän -99 wird in Krankenhäusern verwendet werden, um Technetium- 99, die sehr nützlich für die Bilder von inneren Organen nach der intern getroffen ist zu generieren.
TECHNETIUM

Ordnungszahl: 43
Chemisches Symbol: Tc
Gruppe VII B Übergangselement

Technetium war das erste Element, um im Labor von einem anderen hergestellt werden element.Logically es seinen Namen von den griechischen teknetos dh künstlich. Jedes radioaktiven Isotops ist und zerfällt , um ein Isotop von einem anderen Element zu bilden. Heute Kernreaktoreneine der nützlichsten Isotopen von Technetium Technetium - 99m ist. Wenn es in in die Venen des Patienten injiziert , wird das Isotop in bestimmten Organen des Körpers zu konzentrieren und seine Radioaktivität wird eine fotografische Platte enthüllt , wie diese Organe funktionieren aussetzen.

RUTHENIUM
Ordnungszahl: 44
Chemisches Symbol: Ru
Gruppe VIII B Übergangselement

Ruthenium ist ein seltenes Element, das normalerweise als ein Nebenprodukt der Raffination von Platin Erzen gewonnen wird. Hauptsächlich Ruthenium als Katalysator für industrielle Prozesse verwendet . Es hat sich als Katalysator in Wasserstoffgas erhalten direkt die Spaltung von Wasser -Moleküle nicht durch electrolysis.Rutheniumis auch in der Schmuck- Geschäft als Härte Zusatz zu Platin verwendet und wird oft Titan hinzugefügt, um die Korrosionsbeständigkeit zu verbessern verwendet. Andere Legierungen von Ruthenium in Füllfederhalter Punkte und spezielle elektrische Kontakte verwendet .

RHODIUM
Ordnungszahl: 45
Chemisches Symbol: Rh
Gruppe VIII B Übergangselement

Rhodium ist eine seltene, extrem hart silbergraue Metall. Es wurde von William Wollaston im Jahre 1803 entdeckt. Er benannte es nach dem griechischen Wort für Rose rhodon , weil viele der Salze haben rosa Farbe . Es ist in den katalytischen Wandler des Autos verwendet. Die Abgase sind eine Hauptquelle der Luftverschmutzung . Die katalytische Konverter ist mit kleinen Perlen, die katalytische Platin, Palladium und Rhodium , die heißen Abgase , die durch sie in harmlose Produkte bestehen zu konvertieren gefüllt.

PALLADIUM
Ordnungszahl: 46
Chemisches Symbol: Pd
Gruppe VIII B Übergangselement

Palladium ist ein weiches silbrig-weißes Metall , das Platin ähnelt . Es ist extrem formbar und dehnbar . Eine interessante Verwendung von Palladium taucht , als es glücklicherweise bestimmt , dass es bei der Behandlung von Krebs durch Hemmung der Zellteilung und relativ frei von Nebenwirkungen . Mit einer Halbwertszeit von nur 17 Tagen kann der palladium103 Isotop mächtige Strahlendosen liefern , um Krebs zu zerstören und dann, nach ein wenig mehr als einen Monat verschwinden.

SILVER
Ordnungszahl: 47
Chemisches Symbol : Ag
Gruppe IB Übergangselement (Münzprägung Metal)

Silber ist eines der wenigen Metalle im freien Zustand in der Natur gefunden und sein Symbol Ag kommt vom lateinischen Wort argentum , die Silber bedeutet . Es hat sich seit biblischen Zeiten vielleicht sogar noch früher ein Metallmünzen. Von allen Metallen ist Silber der beste Wärmeleiter und Strom. Es wird in der Regel nicht in Heimverkabelung wegen der Kosten verwendet, aber weitgehend in der Herstellung von hochwertigen elektronischen Geräten eingesetzt.

CADMIUM
Ordnungszahl: 48
Chemisches Symbol: Cd
Gruppe II B Übergangselement

Cadmium ist in so großer Mengen von Zink- Erze , die es gilt im Allgemeinen als ein Nebenprodukt der Zinkraffinationvor. Die Hauptverwendung des Metalls in galvani Stahl , um es vor Korrosion zu verhindern. Es ist weniger häufig als Zink verwendet, da es weniger reichlich und hat eine Neigung zu gesundheitlichen Problemen führen. Die Fähigkeit von Cadmium Neutronen absorbieren ist von großer Bedeutung bei der Konstruktion von Kernreaktorsteuerstäbe. Cadmium wird auch als rote und gelbe Pigment bei der Herstellung von Farbe verwendet .

INDIUM
Ordnungszahl: 49
Chemisches Symbol: In
Gruppe III A Post Gangsmetall

Indium ist ein seltenes Metall bläulich-weiß weich genug , um Spuren von sich zu lassen , wenn kräftig gegen andere Metalle gerieben. Reines Indium hat wenige kommerzielle Anwendungen , und es wird hauptsächlich als Legierung mit anderen Metallen eingesetzt. Legierungen aus Indium und Silber und Indium und Blei sind besser als Silber oder Leitern führen allein. Sie sind auch in der Herstellung von Transistoren und PhotozellenVerwendungen . Indium Folien werden oft in

Kernreaktoren eingesetzt, um die Kernreaktion zu kontrollieren. Die Rate, mit der diese Folien werden radioaktive dient als wertvolle Messung stattfindenden Reaktionen .

TIN
Ordnungszahl: 50
Chemisches Symbol: Sn
Gruppe IV A Post Gangsmetall

Zinn war einer der ersten Metalle durch Menschen verwendet werden . Bronze , eine Legierung aus Kupfer und Zinn wurde vor mehr als 5000 Jahren in Ägypten verwendet . Heute ist es vor allem als Legierungsmittel verwendet und Weißblech , die Stahlblech mit einer dünnen Beschichtung aus Zinn bedeckt ist zu machen. Da Zinn schützt Stahl aus der Nahrung Säuren, wurde Weißblech verwendet werden, um Dosen für Lebensmittel zu machen, aber ist nun weitgehend von Kunststoff und Aluminium ersetzt. Es ist eine der verformbaren Metallen bekannt.

ANTIMON
Ordnungszahl: 51
Chemisches Symbol: Sb
Gruppe VA Metalloide

Antimon ist ein hartes, sprödes , kristallin , grau , fest . Obwohl als Metall bekannt, ist es ein sehr schlechter elektrischer Leiter . Das Erz , das als Hauptquelle dient, ist die mineralische stibnite . Eine schwarz -Verbindung, es in der Antike verwendet wurde , um Frauen die Augenbrauen dunkler. Ein großer Einsatz für die Antimon gemeinsame Sicherheitsspiel . Der Kopf des Streichholz enthält eine Mischung aus Antimontrisulfid und einem Oxidationsmittel wie Kaliumchlorat . Antimon hat nur wenige andere kommerzielle Nutzungen . Als Legierung kann die Härte der vielen Metallen zu erhöhen.

Tellur
Ordnungszahl: 52
Chemisches Symbol: Te
Gruppe VI A Metalloide

Tellur ist ein seltenes , silbrig-weißen Halbmetall . Im Gegensatz zu typischen Metallen , ist es spröde und ein schlechter elektrischer Leiter. Tellur ist eines der wenigen Elemente, die mit Gold kombiniert . Die Verbindungen sind es Formen Gold Telluride genannt und sie bilden ein sehr wichtiger Bestandteil der goldhaltigen Erzen . Tellur wird häufig als Nebenprodukt in der Verfeinerung von Gold und Kupfer gewonnen. Die Hauptverwendung von Tellur wird als Additiv zu Metallen wie Kupfer und rostfreier Stahl , eine Legierung , die leichter zu bearbeiten als die ursprüngliche Metall zu schaffen.

IODINE

Ordnungszahl: 53
Chemisches Symbol : Ich
Gruppe VII A der Halogene

Jod ist ein violetter Feststoff in schwarzen Algen , Sole- Brunnen und im Meer gefunden.
Obwohl ein Gift, ist eine der häufigsten Verwendungen als einer antiseptischen Lösung
Jodtinktur . Jod- Salze werden zu Speisesalz und Futtermittel aufgenommen. Dies wird
gemacht, wie Iod ist ein wichtiger Bestandteil des Hormons Thyroxin durch Schilddrüse
sezerniert und hilft sicherzustellen, dass die Verschraubung richtig funktioniert.
Silberjodid hat die Fähigkeit, enorme Anzahl von Kristallen so viele wie eine Million
Milliarden von einem gram , die als Keime für die Bildung handeln Regentropfen bilden.

XENON
Ordnungszahl ; 54
Chemisches Symbol: Xe
Gruppe VIII A Die Edelgase

Xenon besteht in der Atmosphäre nur in Spuren . Wie die anderen Edelgase vorhanden
als monoatomaren Molekül, das keine Farbe Geruch oder Geschmack hat. Im Jahr
1962 , Neil Bartlett der englische Chemiker machte die erste Edelgasverbindung. Er
kombinierte Xenon -und Platinhexafluorid und sehr zu seinem Erstaunen erhalten eine
feste, gelb-orange -Verbindung, die von Molekülen aus Xenon, platinim und Fluor
bestand . Bisher Xenon und Krypton sind die einzigen bekannten Verbindungen bilden
Edelgase. Wie andere Edelgase Xenon wird in elektrischen Entladungsröhren , um
Licht zu erzeugen.

CAESIUM
Ordnungszahl: 55
Chemisches Symbol: Cs
Gruppe IA der Alkalimetalle

Reine Caesium ist das weichste Metall bekannt. Seine extreme Reaktivität hat es sich
bei der Entfernung von unerwünschten Gasen von Vakuum-Systemen zum Beispiel in
einer Fernsehröhre gemacht . Das Isotop Cäsium -133 dient als weltweit offizielle
Zeitmessung . Die zweite ist in Einklang mit der von Cäsium 133 Atoms emittiert , wenn
es von einer externen Energiequelle nicht in Bezug auf die Rotation der Erde um die
Sonne aufgeregt, als es früher Strahlung gemessen. Der zweite wird als die
verstrichene Zeit von exakt 9192531770 Schwingungen des durch caesuim -133 Atom
emittierten Strahlung beschrieben .

BARIUM
Ordnungszahl: 56
Chemisches Symbol: Ba

Gruppe IIA der Erdalkalimetalle

In Form von löslichem Salz, Barium ziemlich toxisch . Auf der anderen Seite in
unlöslichen Formen ist es unschädlich für den menschlichen Körper. Radiologen nutzen
Bariumsulfat , zu prüfen, Darmtrakt eines Patienten mit Xrays.Barium Sulfat hat auch
eine Reihe von anderen Anwendungen auf Basis seiner geringen Löslichkeit in Wasser
und weiße Farbe. Es als Weißmacher auf photographischen Platten und als Füllstoff bei
Schreibpapier , Kunststoff -und Kunstfasern verwendet . Barium- Metall hat nur wenige
kommerzielle Anwendungen wegen seiner Bereitschaft, mit Sauerstoff und Feuchtigkeit
reagieren.

LANTHAN
Ordnungszahl: 57
Chemisches Symbol: La
Gruppe III B Seltene Erden (Lanthanoide)

Lanthan ist das erste der Seltenerd -Element-Serie . Es ist üblich, viele seltene
Elemente in einem einzigen Mineral miteinander vermischt zu finden. Wahrscheinlich
die wichtigste Verwendung von Lanthanid- Verbindungen ist bei der Herstellung der
Elektroden für die hohe Intensität Kohlebogenlampen in Scheinwerfern ,
Studiobeleuchtung und Filmprojektoren. Lanthan und seine Isotope werden in den
Fragmenten , die entsteht, wenn Uran Spaltungen zu finden sind. Es war die
Entdeckung der Isotope Lanthan sowie diejenigen von Barium durch deutsche
Chemiker Otto Hahn , die schließlich zu der Idee der Kernspaltung führen .

CERIUM
Ordnungszahl: 58
Chemisches Symbol : Ce
Gruppe III B Rare Earth Elements (Lanthanoide)

Cer wurde nach dem Asteroiden Ceres , deren Entdeckung im Jahr 1801 verursachte
große Aufregung in der Welt der Wissenschaft benannt. Das reine metallische Form
von Cer wurde erst 1875 erstellt. Es ist ein eisengrau Metall , die ganz formbar und
dehnbar ist . Cer-Verbindungen , wie sie kommerziell von Lanthan verwendet, um
Elektroden der Hochintensitätskohlenbogenlampenbilden. Als Oxid Cer als Additiv an
den Wänden der selbstreinigenden Öfen , wo es scheint , um den Aufbau der
Kochrestezu verhindern.

Praseodym
Ordnungszahl: 59
Chemisches Symbol : Pr
Gruppe III B Rare Earth Elements (Lanthanoide)

Es wurde von Carl Auer von Welsbach , ein österreichischer Baron, der ein Interesse an der Mineralogie hatte entdeckt. Das reine Metall aus Erzen durch Ionenaustauschverfahren isoliert. Ein Austauschverfahren verwendet wird, um eine Art von Ionen durch Substitution mit einer anderen zu isolieren . In einem solchen Verfahren ist der Wirkstoff ein Harz aus großen Molekülen , die eine netzartige Struktur aufweisen . Das Harz enthält beweglichen Ionen lose mit dem Netz verbunden. Wenn eine Lösung, die die anderen Ionen durch das Harz geleitet , ersetzen sie die mobilen Ionen, die dann aus dem Netz zu diffundieren.

NEODYMIUM
Ordnungszahl: 60
Chemisches Symbol: Nd
Gruppe III A Rare Earth Elements (Lanthanoide)

Es ist ein auf einige der stärksten Magneten der Welt zu schaffen magnetische Substanz . Die Supermagnete werden als NIB -Magneten bekannt , wie sie Eisen und Bor enthalten, wie well.They sind so stark, dass zwei kleine Magnete mit drücken, um beiden Seiten die Hand , ohne zu fallen . Ein Nd -Magnet mit nur halben Zoll Durchmesser ist stark genug, um den magnetischen Materialien in Druckfarbe in Papiergeld zu reagieren und können verwendet werden, um Fälschungen zu erkennen. Es ist auch in rosa Brille verwendet !

Promethium
Ordnungszahl: 61
Chemisches Symbol: Pm
Gruppe III B Rare Earth Elements (Lanthanoide)

Keine Spur von Promethium hat sich auf der Erdkruste gefunden , aber es hat im Spektrum der mehrere Sterne in der Andromeda- Galaxie identifiziert worden. Es ist ein synthetisches seltenes Element in der Kernbeschleuniger und Kernreaktoren hergestellt . Wenn Neodym ist die intensive Neutronenstrahlung vorhanden in einem Reaktor unterzogen wird, wird es in Promethium umgewandelt. 28 Isotope des Elements wurden bisher alle radioaktiv synthetisiert. Sehr wenig ist von den chemischen und physikalischen Eigenschaften von reinem Promethium bekannt.

SAMARIUM
Ordnungszahl: 62
Chemisches Symbol ; Sm
Gruppe III B Seltene Erden (Lanthanoide)

Die wichtigsten Erze sind bastnasite Samarium und Monazit . Monazit Erze enthalten oft so viel wie 50% ihrer Gewichte in Seltene Erden sind in den Flusssandin Indien und Brasilien und in Florida Strand gefunden sand.In seiner reinen Form Samarium hat eine silbrig-weißen Glanz und ist ziemlich resistent gegen Oxidation. Das Metall wird aber spontan entzünden bei niedrigen Temperaturen. Einige Verbindungen dieses Elements verwendet werden, um Permanentmagnete herzustellen. Samariumoxid ist ein ausgezeichneter Absorber für Infrarotstrahlung und ist zu diesem Zweck verschiedene Arten von Glas-und infrarotempfindlichen Phosphor zugesetzt.

EUROPIUM
Ordnungszahl: 63
Chemisches Symbol ; Eu
Gruppe III B Seltene Erden (Lanthanoide)

Europium ist eine der seltensten der seltenen Erdmetalle . Im Jahr 1901 Französisch Chemiker Eugene Anatole - Demarcay schließlich isoliert eine Verunreinigung in einem Samarium- Gadolinium- Probe er studierte und identifiziert die Verunreinigung als neues Element . Reine Europium ist ziemlich weich und silbrig weiß. Es ist sehr zäh und eines der reaktiven der Seltenerdmetalle . Europiumoxid ist ziemlich weit verbreitet als ein Additiv verwendet , um die Wirksamkeit von rotem Phosphor in Fernseh-und Computermonitoren zu verbessern. Es wird auch verwendet , um die Energieeffizienz von Fluoreszenzlampen zu erhöhen.

GADOLINIUM
Ordnungszahl: 64
Chemisches Symbol: Gd
Gruppe IIIA Seltene Erden (Lanthanoide)

Zwei Isotope von Gadolinium gehören zu den potentesten von Neutronen -Absorber . Obwohl ihre Knappheit Grenzen zu verwenden, so dass sie in Steuerstäben für Kernreaktoren eingesetzt werden. Es ist ferro Sinne , daß sie sehr stark von den Magneten angezogen. Dessen Curie-Punkt , ist die Temperatur, bei der magnetisches Material seinen Magnetismus verliert etwa Raumtemperatur . Es wurde der Wert in einer Technik, die Erforschung der Innen von Metallen genannt Neutronenradiografie bewährt. Es ist in die Airline-und Schiffbau -Industrie verwendet werden, um versteckte Mängel und strukturelle Schwächen in Rümpfe und Rümpfe suchen.

Terbium
Ordnungszahl: 65
Chemisches Symbol : Tb
Gruppe III B Seltene Erden (Lanthanoide)

In einem reinen metallischen Form ist Terbium ein silbrig - weiß, formbar, dehnbar und weich genug, um mit einem Messer geschnitten werden. Es hat Ähnlichkeit mit führen, aber es ist viel schwerer . Wie Blei ist ziemlich widerstandsfähig gegen Korrosion. Verbindungen der Terbium haben gründet Anwendungen in speziellen Lasern und als

Leuchtstoffe , die die grüne Farbe in Fernsehröhren und Computer-Monitore zu produzieren. Weitere Anwendungen sind die Herstellung von Legierungen mit speziellen magnetischen Eigenschaften für den Einsatz in kompakten Scheiben und bei der Herstellung von hochauflösenden Röntgenbildschirme.

Dysprosium
Ordnungszahl: 66
Chemisches Symbol: Dy
Gruppe III B Seltene Erden (Lanthanoide)

Dysprosium Platz neun in Hülle und Fülle zu den seltenen Erden in der Erdkruste . Es wurde 1886 von Französisch Chemiker Paul -Emile Lecoq de Boisbaudran in einer Probe von Erbium -Oxid entdeckt. Er stützte seinen Namen auf den griechischen Wort dysprositos , die schwer zu bekommen bedeutet . Reine Dysprosium war nicht bis 1950, als moderne chemische Techniken wie Ionenaustausch- Trennung entwickelt erhältlich. Dysprosium ähnelt am meisten der anderen Seltenerdmetalle . Es ist weich genug, um mit einem Messer geschnitten werden , hat eine silbrig glänzende Farbe und ist an der Luft relativ stabil.

HOLMIUM
Ordnungszahl: 67
Chemisches Symbol: Ho.
Gruppe III B Seltene Erden (Lanthanoide)

Im Jahre 1878 bemerkte zwei Schweizer Wissenschaftler charakteristische Spektrallinien Holmium , sondern konnte sie nicht identifizieren. Sie nannten die unbekannte Quelle der Spektrallinien Element X. Bald darauf im Jahre 1879 schwedische Chemiker Per Teodor Cleve isoliert und identifiziert das Element während der Arbeit mit einem Mineral namens Erbiumoxidpulver . Reine Metall Holmium , die erst vor kurzem zur Verfügung stand hat eine helle silbrige Farbe . Es ist ziemlich korrosionsbeständig in trockener Luft trübt aber schnell in feuchter Luft bildet eine gelbliche Oxid . Ausgenommen die Verwendung als Farbe für Glas , hat es einige kommerzielle Anwendungen.

ERBIUM
Ordnungszahl: 68
Chemisches Symbol: Er
Gruppe III B Rare Earth Element

Erbium wurde von Carl Gustaf Mosander in einem gelben Oxid entdeckt, dass er aus dem Mineral Yttriumoxid isoliert. Mosander benannte das Element für den schwedischen Dorf Ytterby der Ort der großen Konzentrationen von Yttriumoxid und Erbium . Die Hauptquellen für Erbium sind die Mineralien und Xenotim euxerite . Erbium und anderen Seltenerdelementen ist eigentlich eine Verunreinigung in dieser Erze . Die kommerzielle Anwendungen von Erbium , sind begrenzt . Die Oxide sind oft auf Glas- und Emailglasuren hinzugefügt, färben sie rosa. Das Glas wird oft für Sonnenbrillen und preiswerten Schmuck verwendet.

Thulium
Ordnungszahl: 69
Chemisches Symbol: Tm
Gruppe IIIB Seltene Erden (Lanthanoide)

Thulium ist ein Element der seltenen Erden , die äußerst knapp ist . Es tritt in sehr geringen Mengen in der Gesellschaft von anderen seltenen Erden. Der schwedische Chemiker Per Teodor Cleve entdeckte das Element 1879 und benannte sie nach Thule, der alte Name für Skandinavien. Die Hauptquelle der Thulium ist das Mineral Monazit , die von rund sieben Tausendstel 1% Thulium besteht . Es hat nur wenige kommerzielle Anwendungen abgesehen davon, dass in Lasern verwendet . Es ist teuer, aber sehr wenig von dem Metall für Experimente zur Verfügung.

YTTERBIUM
Ordnungszahl: 70
Chemisches Symbol: Yb
Gruppe III B Seltene Erden (Lanthanoide)

Ytterbium , die erste seltenes Element , entdeckt zu werden ist in bescheidenen Fülle in der Erdkruste und immer in Gesellschaft von Seltenen Erden gefunden. Es wurde von der Französisch Chemiker Jean de Marignac im Jahr 1878 als Bestandteil des Minerals als Erbiumoxidpulver bekannt und auf der Grundlage der hohen Konzentrationen von Erbium für den schwedischen Dorf Ytterby benannt entdeckt. Reine Ytterbium Metall war bis 1953 nicht für das Studium zur Verfügung. Seine kommerzielle Anwendungen sind als Legierungsmittelmit Edelstahl. Bestimmte Legierungen wurden ebenfalls in der Zahnmedizin verwendet worden.

Lutetium
Ordnungszahl: 71
Chemisches Symbol: Lu
Gruppe III B Seltene Erden (Lanthanoide)

Obwohl er nie offiziell seine Ergebnisse veröffentlicht , ist der US- Chemiker Charles James jetzt als Lutetium im Jahr 1907 entdeckt haben. Arbeiten während der Zeit um 1900 an der Universität von New Hampshire, wurde James eine wichtige Kraft in der Produktion von Seltenen Erden . Er und seine Schüler würden Tonnen von Erz und Arbeit durch Kristallisationen zu verarbeiten, um eine einzelne Probe zu erzeugen. Reines Lutetium Metall ist schwierig und teuer in der Herstellung . Es ist die härteste

und schwerste Seltenerdelement . Keine kommerzielle Anwendungen entwickelt
worden.

HAFNIUM
Ordnungszahl: 72
Chemisches Symbol: Hf
Gruppe IV B Übergangselement

Eigenschaften Hafnium als auch seine Geschichte sind eng mit Zirkonium gebunden.
Viele hatten die Existenz des Elements 72 vorhergesagt, aber die Allgegenwart der
chemischen Doppel mischte mit seiner Identifikation . Die wichtigste Verwendung von
Hafnium auf einer seiner wenigen Unterschiede von Zirkonium basiert. Seine Fähigkeit,
thermische Neutronen absorbieren, ist es ein nützliches Material für Reaktorsteuerstäbe.
Die Hauptvorteile von Hafnium im Vergleich zu anderen Materialien Stab ist seine
Festigkeit und Korrosionsbeständigkeit. Leider eine ziemlich große Reaktor die Kosten
Hafnium Stangen können $ 1 Million oder mehr betragen.

TANTALUM
Ordnungszahl: 73
Chemisches Symbol: Ta
Gruppe VB Übergangselement

Tantal ist ein extrem hartes und sehr Schwermetall. Seine chemische Inertheit macht
Tantal sehr widerstandsfähig gegen durch Substanzen im menschlichen Körper
anzugreifen. Dies hat zu einer Vielzahl von Anwendungen in der Dental-und Medizin
Operation führen . Tantal als Legierungsmittelträgt Korrosionsbeständigkeit , Zähigkeit ,
Härte und einen hohen Schmelzpunkt auf eine Vielzahl von anderen Metallen. Doch ein
weiterer wichtiger Einsatz von Tantal ist in den Bau von kleinen, aber leistungsfähigen
Elektrolyt-Kondensatoren. Diese Kondensatoren werden in miniaturisierten
elektronischen Schaltungen , die den Kern von solchen Geräten wie Mobiltelefonen und
Computern liegt besonders nützlich.

TUNGSTEN
Ordnungszahl: 74
Chemisches Symbol: W
Gruppe VIB Übergangselement

Eine der wichtigsten Anwendungen von Wolfram ist , bei der Herstellung von
Filamenten für die gemeinsame Glühbirne. Wolfram hat den höchsten Schmelzpunkt -
3410 Grad C und höchsten Siedepunkt 5.900 Grad C - von allen Metallen. Die
Hochtemperatur-Anwendungen von Wolfram- Bereich von Heizelementen in elektrische
Heizungen zu den Düsen auf die Raketenmotoren von Raumfahrzeugen . Strom durch
einen gewickelten Draht aus Wolfram fließt produziert genügend Hitze der Draht weiß

heiß zu machen . Um das Metall vor Überhitzung inerte Gase wie Stickstoff und Argon in dem Kolben , die einen Wolfram-Glühfaden eingeschlossen verhindern.

RHENIUM
Ordnungszahl: 75
Chemisches Symbol : Re
Gruppe VIIB Übergangselement

Rhenium eine der seltensten Elemente wurde in Platinerzen von deutschen Chemikern Ida Tacke , Walter Nodack und Otto Carl Berg im Jahre 1925 entdeckt. Es ist ein extrem dichtes Metall mit einer silbergrauen Glanz und einem Schmelzpunkt nur von Wolfram und Kohlenstoff überschritten . Dies ist die Grundlage für den Einsatz von Rhenium in Kombination mit Wolfram- Thermoelemente zur Messung von Temperaturen bis zu 2000 Grad C Rhenium wird hauptsächlich als Legierungsmittelfür die Herstellung von Metallen, die verschleißfest wie die für elektrische Schaltkontakte und Elektroden erforderlich sind, verwendet machen .

OSMIUM
Ordnungszahl: 76
Chemisches Symbol : Os
Gruppe VIII B Übergangselement

Da das reine Metall schwierig zu machen, wird oft Osmium als Pulver , das dann durch Erhitzen in feste Masse gebildet wird , hergestellt. Das Pulver oxidiert in der Luft und wird langsam als eine stark riechende giftige Gase verursachen kann Lungen-und Hautschäden emittiert. Die Emission von seinen giftigen -Gas macht die Verwendung von Osmiummetall unpraktisch. Als Legierungs Additiv aber es ist ganz sicher und wird hauptsächlich verwendet, um harte Legierungen mit Metallen wie Platin und Iridium zu machen. Diese Legierungen werden für elektrische Schaltkontakte , Grammophon - Nadeln und Füllfederhalter Spitzen.

IRIDIUM
Ordnungszahl: 77
Chemisches Symbol: Ir
Gruppe VIII B Übergangselement

Iridium ist ein sprödes gelblich-weiße Edelmetall. Es ist allgemein in Erzen Platin oder Nickel enthaltenden gefunden. Abtrennen von dieser Erze ist eine mühsame und kostspielige Aufgabe, die nur durch den gleichzeitigen Rückgewinnung von Platin und Nickel gerechtfertigt ist . Die Hauptanwendungvon Iridium ist als Zusatz zu Platin - Legierungen, die die Erstellung der Härte des letzteren Metalls zu erhöhen . Iridium Korrosionsbeständigkeit ist es auch bei der Herstellung von Gegenständen, die absolute Reinheit wie Injektionsnadeln und Raketentriebwerke erfordern nützlich.

PLATINUM
Ordnungszahl: 78
Chemisches Symbol: Pt
Gruppe VIII B Übergangselement (Edelmetall)

Viele Anwendungen von Platin profitieren Sie von seiner chemischen Stabilität und
Trägheit . Es ist in der Erdölraffination , Zahnmedizin, die Keramikindustrie , der Elektro-
und Elektronikindustrie verwendet werden, und ist stark in der Herstellung von Schmuck
geschätzt. Platin ist auch nützlich, um die Automobilindustrie . Es hilft chemischen
Reaktionen, die aufräumen Abgas aus den Motoren von Autos, die Umwandlung von
Kohlenmonoxid und unverbrannten Kraftstoff in Wasser und Kohlendioxid . Außerdem
werden eine Bar von Iridium -Platin-Legierung dient als weltweite Standard für das
Kilogramm , die Grundeinheit für die Masse in das metrische System .

GOLD
Ordnungszahl: 79
Chemisches Symbol: Au
Gruppe IB Übergangselement (Edelmetall)

Gold wird in Rohstoffbörsen gehandelt und die Schwankungen in seiner Preis werden
als Index für die Gesundheit der Wirtschaft berücksichtigt. Es ist die dehnbar und
formbar aller Metalle. Denn es ist auch eine der reaktionsunfähig, kann es seine
brillanten Glanz zu erhalten. Gold in der Natur in der Regel als reines Metall gefunden ,
oft als Klumpen oder Flocken . Seine Reinheit wird als Karat gemessen . Reines Gold
wird gesagt, 24 -Karat- Gold. Denn es ist sehr weich, aber die meisten Goldschmuck ist
aus 18 Karat Gold.

MERCURY
Ordnungszahl: 80
Chemisches Symbol: Hg
Gruppe II B Übergangselement

Quecksilber ist das einzige Metall, das bei Raumtemperatur flüssig ist und bleibt eine
Flüssigkeit über einen sehr breiten und bequemen Temperaturbereich. Einige
gemeinsame Haushalts-Produkte , die Quecksilber enthalten, sind Thermometer,
Barometer , Thermostate, stille Wandschalter und Leuchtstofflampen . Industrielle
Anwendungen von Quecksilber enthalten Diffusionspumpen und
Quecksilberdampflampen , die die bläulich-weiße Licht von der Straßenbeleuchtung zu
erzeugen. Eine weitere nützliche Eigenschaft von Quecksilber ist seine Fähigkeit,
andere Metalle aufzulösen, um Legierungen als Amalgame bekannt ist. Zahnärzte
verwenden oft Silber-Quecksilber -Amalgam , um die Zähne zu füllen.

THALLIUM
Ordnungszahl: 81
Chemisches Symbol: Tl
Gruppe III A Post- Übergangsmetall

Eine übliche Quelle von Thallium Zink-und Bleiraffination . Diese formbar und
Schwermetall ist sehr aktiv und langsam korrodiert in der Luft. Thallium und seine
Verbindungen sind extrem toxisch und es gibt Hinweise , dass sie Krebs erzeugen .
Auch bei Hautkontakt gefährlich sein kann , obwohl in extrem niedrigen
Konzentrationen Thallium hat in der Behandlung der Ringworms verwendet. Thallium -
Sulfat ist ein geruchloses und geschmackloses Gift, das früher verwendet wurde, um
Ratten und Insekten zu töten , aber es hat sich jetzt in mehreren Ländern verboten
worden.

LEAD
Ordnungszahl: 82
Chemisches Symbol: Pb
Gruppe IV A

Blei ist ein sehr weiches Metall , das leicht bearbeitet werden können , um Utensilien
aller Art zu machen. Lead- Münzen und Skulpturen wurden in ägyptischen Gräbern aus
dem Jahr 5000 v. Chr. gefunden worden. Es ist vor allem verwendet, um Elektroden
von Bleiakkumulatorenzu machen. Blei ist ein wichtiger Bestandteil der Lot zur
Herstellung elektrischer Anschlüsse auf den Leiterplatten in Computern und
Fernsehgeräten verwendet . Glas -Bildschirme von TV-Geräten enthalten Blei , um den
Betrachter von der Strahlung zu schützen. In der Tat jedes TV-Gerät enthält fast ein
halbes Pfund Blei.

BISMUTH
Ordnungszahl: 83
Chemisches Symbol : Bi
Gruppe VA Beitrag Gangsmetall

Wismut ist ein weißes sprödes Metall , das einen leichten Gelbstich hat . Die
Verbindung Bismutsubnitrat ist als Antacida zur Behandlung von Geschwüren
verwendet. Wismutoxid ist eine beliebte gelbe Pigment in Kosmetika eingesetzt werden .
Wie Wasser Wismut ist eine der wenigen Substanzen, die , wenn es von flüssig zu fest
ändert sich ausdehnt. Diese Eigenschaft wird verwendet , um Legierungen , dessen
Volumen konstant bleibt, wenn sie erstarren zu machen. Metalle mit Wismut legiert für
Würfe und Formen, auch wenn sie mit geschmolzenen Metallen füllten ihre genauen
Abmessungen beibehalten werden.

POLONIUM
Ordnungszahl: 84
Chemisches Symbol: Po
Gruppe VI A Metalloide

Die Entdeckung von Polonium durch Marie und Pierre Curie im Jahr 1898 definiert,
einer der großen Momente in der Geschichte der Wissenschaft , die zum modernen
Konzept des Atomkerns und ein Verständnis ihrer Struktur. Polonium hat 27 Isotope
bekannt, und sie alle radioaktiv sind . Die eine am leichtesten verfügbar ist Polonium
210 , ein silberner Halbmetall , das sehr volatil ist und 100.000 Mal toxischer als Zyanid .
In radiologischen Labors das Isotop Beryllium mit pulverisiertem gemischt wird oft große
Mengen an Neutronen ohne den Einsatz von Kernreaktor produzieren.

Astat
Ordnungszahl: 85
Chemisches Symbol: Am
Gruppe VII A Die Halogene

Kleine Mengen von Astat gibt es natürlich wie der Zerfallsprodukte von Uran und
Thorium . Astat wurde erstmals im Jahre 1940 von einem Team von Radiochemikern
durch Beschuss von Bismut mit Alpha-Teilchen hergestellt . Nur etwa 1 Millionstel
Gramm Astat tatsächlich künstlich hergestellt worden, und es ist daher nicht
verwunderlich, dass wenig über seine Eigenschaften bekannt . Seine Chemie sollte
ziemlich ähnlich derjenigen von Jod sein, obwohl es Hinweise gibt, dass es etwas
metallisch sein.

RADON
Ordnungszahl: 86
Chemisches Symbol: Rn
Gruppe VIII A Die Edelgase

Radon wird als eines der Nebenprodukte von dem radioaktiven Zerfall von Uran und
Thorium . Radon -222 ist die längste Isotop in erheblichen Konzentrationen sa Gas im
Boden gefunden , weil Spuren von Uran in der Erdkruste vorhanden sind. Während es
wächst, ist Tabak mit Verunreinigungen durch Radon aus dem von Pflanzgefäße
verwendet, Boden-und der Uran- reichen Phosphatdünger . Wenn der Tabak in einer
Zigarette verbrannt wird, unterzieht die eingeatmete Rauch der Raucher auf ein Niveau
von Strahlung 1000 Mal höher als die von einem Arbeiter in einem Kernkraftwerk
aufgetreten.

Francium
Ordnungszahl: 87
Chemisches Symbol: Fr
Gruppe I A der Alkalimetalle

Francium ist das schwerste von den Alkalimetallen und eines der bekannten instabil . Alle seine Isotope radioaktiv sind doch auch die längste Isotop Francium -223 hat eine Halbwertszeit von nur 21 Minuten. Von den 30 bekannten Isotope nur francium 223 existiert in der Natur. Alle anderen Isotope von Francium künstlich in Beschleunigern und Kernreaktoren hergestellt und zu instabil sind , um in jeder Tiefe untersucht werden. Das Element wurde 1939 von Marguerite Perey Arbeit am Institut Curie in Paris entdeckt. Es ist für das Land, in dem es entdeckt wurde, benannt.

RADIUM
Ordnungszahl: 88
Chemisches Symbol: Ra
Gruppe II A- Erdalkalimetalle

Radium wurde von Marie und Pierre Curie im Jahr 1898 entdeckt. Für die Entdeckung von Radium und Polonium , wurde Marie-Curie den Nobelpreis für Chemie ausgezeichnet. Es war ihre zweite , sie das erste mit ihrem Mann und Henri Becquerel im Jahre 1903 für die Entdeckung der Radioaktivität geteilt hatte .
Reines Metall Radium hat eine glänzende weiße Farbe und ist so Leucht , dass es in der Dunkelheit verbreiten einen schwachen blauen Farbe leuchtet . Radium ist in vielen medizinischen Einrichtungen verwendet werden, um das radioaktive Gas Radon , die zur Krebstherapie eingesetzt wird, zu erzeugen.

Aktinium
Ordnungszahl: 89
Chemisches Symbol: Ac
Gruppe III B Übergangselement (Die Actiniden)

Actinium ist ein natürlich durch den radioaktiven Zerfall der langlebigen Elemente Radium und Thorium radioaktives Element . Sehr geringe Mengen davon künstlich hergestellt wurden und eine sehr begrenzte kommerzielle Anwendung . Seine chemischen Eigenschaften ähneln denen von Lanthan . Auch wie Lanthan, ist der erste in einer Reihe von Elementen bezeichnet den Actiniden , die analog zu den Lanthaniden sind . Wie die seltenen Erden, diese Elemente in den Elektronen -Orbital einer inneren Schale und folglich haben ähnliche physikalische und chemische Eigenschaften .

THORIUM
Ordnungszahl: 90
Chemisches Symbol : Th
Gruppe IIIB Übergangselement (Die Actiniden)

Thorium ist ein radioaktives silbrig-weißes Metall , die sehr langsam anläuft , wenn der Luft ausgesetzt. Monazit Sand von denen einige Strände in Florida gefunden, kann bis zu 10% Thorium enthalten . Trotz seiner Radioaktivität , Thorium und seine Verbindungen haben mehrere kommerzielle Anwendungen. Es dient als effiziente Emitter von Elektronen für elektronische Geräte. Das brillante Licht, dessen Oxid emittiert bei der Verbrennung macht es auch nützlich bei der Herstellung von bestimmten tragbaren Gaslampen . Thorium- 232, ein Isotop mit einer Halbwertszeit 14 Milliarden Jahre zeigt, große Versprechen zu einer Quelle der Kernenergie in der Zukunft.

Protaktinium
Ordnungszahl: 91
Chemisches Symbol: Pa
Gruppe III B Übergangselement (Die Actiniden)

Es ist eines der seltensten und teuersten aller natürlich vorkommenden Elemente . Nur ein paar hundert Gramm sind für ein Studium zur Verfügung. Diese magere Menge wurde größtenteils in England vor 30 Jahren produziert wurde , wo es von 60 Tonnen Erz zu einem Preis von einer halben Million Dollar extrahiert. Nicht viel ist über seine physikalischen und chemischen Eigenschaften bekannt. Es ist eine silberne Weißmetall mit einem hellen Glanz, der verliert es sehr langsam in der Luft durch Oxidation. Es ist auch bekannt sehr toxisch.

URAN
Ordnungszahl: 92
Chemisches Symbol : U
Gruppe III B Übergangselement (Die Actiniden)

Uran ist der letzte und schwerste der natürlich vorkommenden Elemente . Entdeckt im Jahr 1841 , war es der erste radioaktive Element identifiziert werden. In den späten 1930er Jahren durch Experimente mit Uran deutsche Wissenschaftler Lise Meitner und Otto Hahn beobachten einen Prozess, der später erkannt wurde , um eine Kernspaltung sein . Die Fähigkeit der Neutronen während der Spaltung des Urankerns freigesetzt, um sich andere Urankerne gespalten wurde schnell von den Wissenschaftlern verwendet, um eine sich selbst erhaltende Kettenreaktion aus. Wenn kontrolliert wird, diese Reaktion erzeugt die Energie, die wir erhalten aus Kernreaktoren zu erstellen. Wenn unkontrolliert kann es eine Atomexplosion zu erstellen.

Neptunium
Ordnungszahl: 93
Chemisches Symbol : Np
Gruppe III B Übergangselement (Die Actiniden)

Neptunium war das erste künstlich hergestellte Transuran -Element. Arbeiten am Zyklotron an der Universität von Kalifornien in Berkeley im Jahr 1940 US- Physiker Edwin McMillan und Philip Abelson hergestellt Neptunium durch Beschuss von Uran mit Neutronen. Es ist nun bekannt , daß Spurenmengen von Neptunium D tatsächlich in der Natur nicht als Ergebnis der Aktionen der Neutronen im Uran Element .

PLUTONIUM
Ordnungszahl: 94
Chemisches Symbol : Pu
Gruppe III B Übergangselement (Die Actiniden)

Plutonium hat 15 Isotope bekannt, von denen alle radioaktiv. Plutonium 239 ist die wichtigste , weil es leicht Spaltungen , wenn durch thermische Neutronen beschossen . Wie Uran- 235 , die Kerne der Atome in zwei mittelgroße Kerne (so genannte Spaltfragmente) aufgeteilt Freigabe großer Mengen von Energie und produzieren mehr Neutronen eine Kettenreaktion aufrecht zu erhalten. Mit pulverisiertem Beryllium gemischt wird, ist es eine effektive Neutronenquelle für die wissenschaftliche Arbeit . Plutonium kann in großen Mengen in Kernreaktoren hergestellt werden. Seine Fülle ist es die erste Wahl für Kernwaffen gemacht .

Americium
Ordnungszahl: 95
Chemisches Symbol: Am
Gruppe III B Übergangselement (Die Actiniden)

Es wurde 1944 von einem Team von Chemikern unter der Leitung von Glenn Seaborg.His Team entdeckte hergestellt Americium -241 , einer der 14 bekannten Isotope von denen alle radioaktiv sind . Americium- 241 wird in großen Mengen in Kernreaktoren hergestellt . Die intensiven Gammastrahlen emittiert er macht es sehr nützlich als eine tragbare Quelle von Röntgenstrahlen. Es wird auch in Rauchmelder eingesetzt.

CURIUM
Ordnungszahl: 96
Chemisches Symbol: Cm
Gruppe III B Übergangselement (Die Actiniden)

Curium ist ein silbrig-weißes Metall , das sehr reaktiv ist. Der erste seiner 14 bekannten Isotope , entdeckt zu werden war Curium 242 . Curium 242 und Curium 244 sind als Energiequellen in abgelegenen Gebieten verwendet worden. Die Strahlung emittieren diese Isotope können durch thermoelektrische Geräte in Wärme und dann in Strom umgewandelt werden . Obwohl es eine relativ kurze Halbwertszeit hat , ist die Leistung von Curium 242 beeindruckende also etwa zwei bis drei Watt pro Gramm. Diese kompakten Geräte sind nützlich für Herzschrittmacher , FernnavigationsBojen und Weltraummissionen.

berkelium
Ordnungszahl ; 97
Chemisches Symbol: Bk

Gruppe III B Übergangselement (Die Actiniden)

Es wurde an der UC Berkeley im Jahr 1949 von einem Team , bestehend aus George Seaborg , Stanley Thompson und Albert Ghiorso entdeckt und wurde nach der Stadt benannt. Sie mit einem Zyklotron , um eine Probe von Americium 241 mit Alphateilchen beschießen synthetisiert es . Berkelium Mit 249 , war es im Jahr 1962 möglich, bis 3 Milliardstel Gramm berkelium Chlorid produzieren . Keine kommerzielle oder wissenschaftliche Anwendungen noch entwickelt.

californium
Ordnungszahl ; 98
Chemisches Symbol : Cf
Gruppe III B Übergangselement (Die Actiniden)

Es wurde von einem Team von Chemikern mit einem Zyklotron zu Curium 242 mit Alphateilchen beschießen entdeckt. Das Isotop Californium 252 für den US-Bundesstaat Kalifornien benannt spontan emittiert Neutronen. Neutronenquellen sind manchmal schwer zu bekommen . Entweder ein Atomreaktor erforderlich ist, oder einige hoch radioaktiven Strahler der Alpha-Teilchen wie Plutonium muss mit Beryllium- Pulver gemischt werden. Die Entdeckung eines extrem tragbare Neutronenquelle schlägt vielen möglichen Anwendungen für californium 252.It kann leicht in die Felder für die Analyse von Öl-Lager Schichten der Erde oder für die Gewinnung von Gold und Silber genommen werden.

Einsteinium
Ordnungszahl: 99
Chemisches Symbol: Es
Gruppe III B Übergangselement (Die Actiniden)

Albert Ghiorso und seine Mitarbeiter entdeckten, dieses Element in 1952 , während die Untersuchung der Trümmer der Wasserstoffbombenexplosionin den Pacific.16 Isotope sind bekannt, das stabilste Befinden einsteinium 254 mit einer Halbwertszeit von 252 Tagen haben. Die meisten dieser Isotope in der High Flux Isotope Reactor am Oak Ridge National Laboratory in Tennessee durch Bestrahlung von Plutonium 239 mit intensiven Neutronenstrahlen produziert.

fermium
Ordnungszahl: 100
Chemisches Symbol: Fm
Gruppe III B Übergangselement (Die Actiniden)

Wie einsteinium wurde Fermium 1952 von Ghiorso und Mitarbeiter in den Trümmern des Wasserstoffbombenexplosionim Pazifik. Isotope des fermium nach Enrico Fermi benannt sind in der Regel , indem sie Elemente wie Uran und Plutonium , um intensiven Neutronenbeschuss synthetisiert. In einem Neutronenreichen Umgebung kann ein Element wie Uran aufeinander Neutroneneinfang unterziehen oft absorbieren so viel wie 16 bis 17 Neutronen , um die schweren Transurane zu erzeugen.

mendelevium
Ordnungszahl: 101
Chemisches Symbol: Md
Gruppe III B Übergangselement (Die Actiniden)

Die neunte künstlichen Transuranelement für Dmitri Mendelejew benannt wurde 1955 von einer Gruppe von Wissenschaftlern unter Albert Ghiorso entdeckt. Fortsetzung ihrer Suche nach immer schwerere Elemente verwendete das Team die Zyklotron in Berkeley zu einsteinium 253 mit Alpha- Teilchen (Helium-Kerne) zu bombardieren, und schließlich mendelevium 256 hergestellt . Die geringen Mengen aus seiner Identifizierung sehr schwierig. Es wird oft gesagt , dass dieses Element ein Atom in einer Zeit, synthetisiert. Nur Mengen von Spurenisotopenmendelevium gemacht worden und wenig über ihre Chemie bekannt.

nobelium
Ordnungszahl: 102
Chemisches Symbol : Nein
Gruppe III B Übergangselement (Die Actiniden)

Bei der Erstellung nobelium 254 Ghiorso und seine Kollegen beschossen eine Probe von Curium 246 mit Kohlenstoff -Ionen mit Hilfe der 12 Schwerionenlinearbeschleuniger. 11 Isotope bisher synthetisiert worden und alle radioaktiv sind . Nobelium 259 ist die längste mit einer Halbwertszeit von 57 Minuten gelebt . Für Alfred Nobel benannt, hat es in groß genug, um das Studium ihrer chemischen und physikalischen Eigenschaften ermöglichen Mengen produziert.

Lawrencium
Ordnungszahl: 103
Chemisches Symbol: Lr
Gruppe III B (Die Actiniden)

Im weiteren Verlauf ihrer erstaunlichen Reihe von Entdeckungen , die synthetisiert Berkeley Wissenschaftler und isoliert lawrencium im Jahr 1961 durch den Beschuss einer Mischung von drei Isotopen von Californium mit Bor- 10 und Bor- 11 -Ionen mit Schwerionen- Linearbeschleuniger . Die Ziel wog nur ein paar Millionstel Gramm noch das Team es geschafft, mit einer Halbwertszeit von 4 Sekunden fertigen lawrencium 258 . Es wurde zu Ehren von Ernest O.Lawrence , dem Erfinder des Zyklotrons benannt.

Rutherfordium
Ordnungszahl: 104
Chemisches Symbol: Rf
Gruppe IV B A Transactinoide

Eine Geschichte der konkurrierenden Ansprüche verwirrt die Benennung des Elements 104 . Das Team aus Berkeley sowie eine Gruppe aus Russland behauptete Kredit für Element 104 . Der amerikanische Anspruch gewann der Tag. Es ist nach der Neuseeländer Ernest Rutherford benannt !

dubnium
Ordnungszahl: 105
Chemisches Symbol: Db
Eine Gruppe VB Transactinoide .

Umstrittene Ansprüche seiner Entdeckung haben Element 105 geplagt. Im Jahr 1970 Ghiorso und sein Team in Berkeley bombardiert californium 249 mit schweren Stickstoff- 15 -Ionen und das Element , das sie nach Otto Hahn benannt und von der American Chemical Society erhalten Billigung positiv identifiziert. Doch im Jahr 1997 beschloss die IUPAC t ändern Sie den Namen zu Dubnium . Seine chemischen und physikalischen Eigenschaften nicht bekannt sind.

seaborgium
Ordnungszahl: 106
Chemisches Symbol: Sg
Gruppe VI B A Transactinoide

Wie die beiden anderen umstrittenen Elemente , der Anspruch der Entdeckung von Element 106 zusammen mit dem Recht, es zu nennen war ein Gegenstand des Rechtsstreits . Im Jahr 1974 , erklärte eine russische Mannschaft , dass sie unnilhexium produziert hatte . Da Experimente versäumt, ihre Ergebnis zu bestätigen , war ihr Anspruch in Zweifel. Etwa zur gleichen Zeit , Wissenschaftler in Berkeley berichtet die Entdeckung unnilhexium 263 nach Beschuss von Californium 249 18 mit Sauerstoff . Im Jahr 1993 haben Wissenschaftler an der Lawrence Livermore Laboratories Berkeley und wiederholten das Experiment und das Ergebnis bestätigt. Es wurde zu Ehren des Glenn Seaborg benannt.

bohrium
Ordnungszahl: 107
Chemisches Symbol: Bh
Gruppe VII B A Transactinoide

Im Jahr 1981 wurde die Schaffung von unnilseptium von Physikern arbeitet in Darmstadt, Deutschland am GSI angekündigt. Das Team schlug den Namen Nielsbohrium nach Niels Bohr . Ihre Forschungs Ansprüche wurden 1992 von der IUPAC bestätigt. Im Jahr 1997 änderten sie den Namen in bohrium .

hassium
Ordnungszahl: 108
Chemisches Symbol: Hs
Gruppe VIII B A Transactinoide

Im Jahr 1984 ein Team unter der Leitung von Peter und Gottfried Münzenberg Ambruster angekündigt, die Entdeckung von unniloctium , Element 108 . Dies war die gleiche Mannschaft, die bohrium synthetisiert hatte . Der Name war sie vorgeschlagen hassium haasia nach dem lateinischen Namen für den deutschen Bundesland Hessen . 1992 wurde der IUPAC bestätigt die Ergebnisse und den Namen . Die chemischen und physikalischen Eigenschaften sind unbekannt.

meitnerium
Ordnungszahl: 109
Chemisches Symbol : Mt
Gruppe VIII B A Transactinoide

Im Jahr 1982 kündigte die Darmstädter Team die Entdeckung von Element 109 durch den Beschuss Wismut- 209 mit hohem Energie 58 Eisen -Ionen. So unglaublich es scheinen mag nur 3 Atome erstellt, und in einer Angelegenheit von 3,4 tausendstel Sekunde zerfallen . Sie schlugen vor , es nach Lise Meitner , die Faust beschriebenen Kernspaltung zusammen mit Otto Hahn hatte zu nennen.

UNUNNILIUM
Ordnungszahl: 110
Chemisches Symbol ; Uun
Gruppe VIII B A Transactinoide

Nach fast 10 Jahren internationale Wissenschaftler an der GSI in Deutschland erfolgreich erstellt vier oder fünf Atomen eines neuen Elements 110 . Mit einem großen Beschleuniger Nickelatome auf hohe Geschwindigkeiten bombardiert sie eine dünne Folie aus Blei mit diesen sich schnell bewegenden Atome von Nickel zu fahren. Das neue Element schnell bricht auseinander und zerfällt in leichtere Atome . Es wurde von den vier Alpha-Teilchen während ihrer Zerfallsprozess emittiert erkannt .

Unununium

Ordnungszahl: 111
Chemisches Symbol: Uuu
Eine Gruppe IB Transactinoide

Die chemischen Eigenschaften des Elements 111 sind nicht bekannt. Wie es in der gleichen Spalte befindet wie Gold und Silber ist vermutlich ein Metall ist. Nach einer Beschleunigung Nickelatome auf hohe Geschwindigkeiten deutsche Forscher bombardiert Wismut mit diesen schnelllebigen Nickelatome . Die Identifizierung dieses Element ist bedeutsam, da es die Theorie , daß es eine " Insel der Stabilität " für Elemente in der Nähe von Element 114 unterstützt . Das Element hat eine Halbwertszeit ca. 8 -fache der ununnilium .

UNUNBIIUM
Ordnungszahl: 112
Chemisches Symbol: Uub
Gruppe II B A Transactinoide

Im Februar 9,1996 GSI in Deutschland kündigte die Schaffung von Element 112 alle Kredite an den internationalen Team unter Peter Ambruster . Sie hatten Zink -Atomen, die auf hohe Geschwindigkeiten mit sich schnell bewegenden Kugeln aus Blei beschleunigt worden war bombardiert. Während der Kollision verwaltet ein Zinkatom, mit dem Bleiatom verschmelzen.

Ununquadium
Ordnungszahl: 114
Chemisches Symbol: Uuq
Eine Gruppe IB Transcatinide

Im Jahr 1999 ein Team von Wissenschaftlern auf der gemeinsamen Institut für Kernforschung in Russland kündigte die Schaffung einer neuen ultra- Schwermetall. Das Team verwendet ein Zyklotron Plutonium 244 mit einem Strahl von Calcium Kerne 48 zu bombardieren. Nach rund 40 Tagen der Bombardierung ein Calicium Kern mit 20 Protonen mit Plutonium- Kern mit 94 Protonen Herstellung eines Elements mit 114 Protonen fusioniert. Obwohl instabil es überlebt eine relativ lange Zeit .

Die Entschlossenheit , um versteckte Antworten der Natur zu finden, hat nicht nachgelassen . Die Suche bleibt für die immer fortwährende Suche nach neuen superschweren Elemente . Die treibende Kraft hinter diesen Bemühungen ist die Suche nach Erkenntnis , die eine reiche neues Feld der Untersuchung der atomaren und chemischen Eigenschaften der Elemente einleitet .

Es gibt auch eine utilitaristische Motivation für die Suche nach Elementen, die die Insel der Stabilität zu machen. Viele Wissenschaftler glauben, zum Beispiel , dass diese neuen Elemente werden ungewöhnliche Materialien mit exotischen Eigenschaften nie gesehen bilden. Die Antworten in diesem Bemühen gesucht sind von grundlegender Bedeutung für unser Verständnis des Universums.